儿童财商故事系列

钱是什么

曹葵 著

U0261326

四川科学技术出版社
·成都·

图书在版编目（CIP）数据

儿童财商故事系列. 钱是什么 / 曹葵著. -- 成都 : 四川科学技术出版社, 2022.3
ISBN 978-7-5727-0277-8

Ⅰ. ①儿… Ⅱ. ①曹… Ⅲ. ①财务管理－儿童读物 Ⅳ. ①TS976.15-49

中国版本图书馆CIP数据核字（2021）第185478号

儿童财商故事系列 · 钱是什么

ERTONG CAISHANG GUSHI XILIE • QIAN SHI SHENME

著　　者　曹　葵
出 品 人　程佳月
策划编辑　汲鑫欣
责任编辑　王双叶
特约编辑　杨晓静
助理编辑　潘　甜
监　　制　马剑涛
封面设计　侯茗轩
版式设计　林　兰　侯茗轩
责任出版　欧晓春
内文插图　浩馨图社
出版发行　四川科学技术出版社
地址：四川省成都市槐树街2号　邮政编码：610031
官方微博：http://weibo.com/sckjcbs
官方微信公众号：sckjcbs
传真：028-87734035
成品尺寸　160 mm × 230 mm
印　　张　4
字　　数　80千
印　　刷　天宇万达印刷有限公司
版　　次　2022年3月第 1 版
印　　次　2022年3月第 1 次印刷
定　　价　18.50元
ISBN 978-7-5727-0277-8
邮购：四川省成都市槐树街2号　邮政编码：610031
电话：028-87734035

■ 版权所有　翻印必究 ■

目录

当世界上没有钱的时候 第1章 1

11 第2章 可爱的贝壳居然是最早的钱币

奇形怪状的铜钱和铁钱 第3章 19

27 第4章 通行全世界的黄金和白银

纸币出现了 第5章 36

46 第6章 花花绿绿的外国货币

看不见、摸不着的数字货币 第7章 55

主要人物介绍

咚咚

古灵精怪，好奇心强，
想法多，勇于尝试

小亦

咚咚的妹妹，喜欢思考，
行动力强，善于沟通

咚爸

性格温和，
有耐心，
非常理解孩子

咚妈

脾气有些急，
但有爱心，
理解并尊重孩子

第1章

当世界上没有钱的时候

嗨，小朋友们，我是你们的朋友咚咚。你们都知道钱的用途吧？在我们这个世界上，我们的衣、食、住、行都离不开钱。我们的爸爸妈妈用钱买了房子、汽车、食物、衣服……我们用压岁钱买了糖果、书本、玩具……而今天，我要带你们去一个没有钱的世界看一看。

没有钱也能吃美食、穿新衣服、去游乐场、和家人旅行，所有人都过着轻松、愉悦的生活……如果这一切都是真的，那该有多好啊！

其实，在几千年前的原始社会中，真的不需要钱！

那时候，人们过着野蛮而豪放不羁的生活，靠山就打猎，靠水就捕鱼，吃的是生肉，喝的是生水，住的是山洞。学会钻木取火后，人们就经常吃烧烤，好自在啊！

可是，人们经常打不到猎物，没有食物吃，饥一顿饱一顿的，于是开始开荒种地，过上日出而作、日落而息的农耕生活。渐渐地，人们的一切吃穿用度都能自给自足，小日子是越过越富裕了。

但是，人们还是有很多烦恼，比如种大米的张三想吃面食了，种小麦的李四想吃大米了，养鸡的王五想吃鸭肉了……这时该怎么办？

互通有无，互惠互利

为了满足自己的愿望，人们绞尽脑汁，想出了一个以物易物的方法。

李四问：“张三，我想吃米饭，能用小麦换你的大米吗？”

张三一听，拍手笑道：“好啊，我正想吃面食呢！”

于是他们商议了一下，李四用一袋小麦换了张三的一袋大米，交易就这样完成了！

这事之后，张三开了窍，高兴地说：“以后我想吃什么、想要什么，就用大米和别人交换。”后来，他用大米换了羊、牛、鸡、鸭、布匹等，日子过得有滋有味。大家羡慕极了，都学着张三的样子和邻居们做起交易来，互通有无，互惠互利。

部落首领们知道这个情况后，直接在部落里设立了市场。市场中午开市，下午散市，村民们可以在市场里以物易物，尽情交易，换取自己需要的物品。他们这种交易，才是真正意义上的“没有中间商赚差价”呢！

以物易物虽然方便，但存在一个严重的问题：交换物品的价值不均等。比如，一张兽皮换几个果子，一只羊只换一袋米……在现代的我们看来绝对是赔本的买卖。

当时的人们也意识到了这个问题，为了公平起见，他们对以物易物进行了升级。给大家举个例子吧！

有个工匠想得到两只山羊，于是就对猎人甲说：“我给你一把斧头，你给我两只山羊怎么样？”

猎人甲一听，使劲儿摇头说：“这太不公平了，我不愿意。”

工匠又去找了猎人乙、猎人丙……可是所有人都拒绝了他。

工匠琢磨了半天，觉得应该增加一点儿筹码。于是他又找到猎人甲，说：“我给你一把斧头外加一头小猪，你给我两只山羊，怎么样？”

猎人甲还是不满意，头摇得像拨浪鼓一样，不同意这种交换方法。

两个人讨价还价半天，最终达成协议：工匠用两把斧头、一只小猪来换猎人甲的两只山羊。

这种交易方法的确公平了很多，但是花费的时间太长了！于是人们思考，能不能找一个让大家都满意的中间交换品呢？

后来，人们发现，如果有一种物品是大家都比较喜欢的，并且有一定的价值，大家就先把自己想要交换出去的东西换成这个物品，然后用这个物品从他人手中换自己需要的东西就容易多了。这种用于交换的中间物品就是一般等价物。一般等价物不是钱，但可以当钱花。

成为一般等价物的物品必须满足两个条件：第一，方便携带；第二，社会需求多。

动物皮毛曾荣幸地登上过一般等价物的宝座，因为一到冬天，人们只能靠皮草大衣来御寒。一块动物皮毛能换很多粮食和野味呢！

可是到了夏天，天气炎热，动物皮毛就不再受宠了，布匹又成为一般等价物。到了青黄不接的时候，粮食又成了一般等价物。由于种种原因，牛、羊、石器工具等都充当过一般等价物。

一般等价物随着季节的不同而改变，这还不算什么，更麻烦的是，区域不同，一般等价物也不同。东村人把粮食当“钱”，西村人却把牛、羊当宝贝，只隔一条河的两个村就像两个世界。

这是为什么呢？因为一般等价物的价值太不稳定了。

人们寻寻觅觅，一直在寻找价值更稳定的一般等价物。

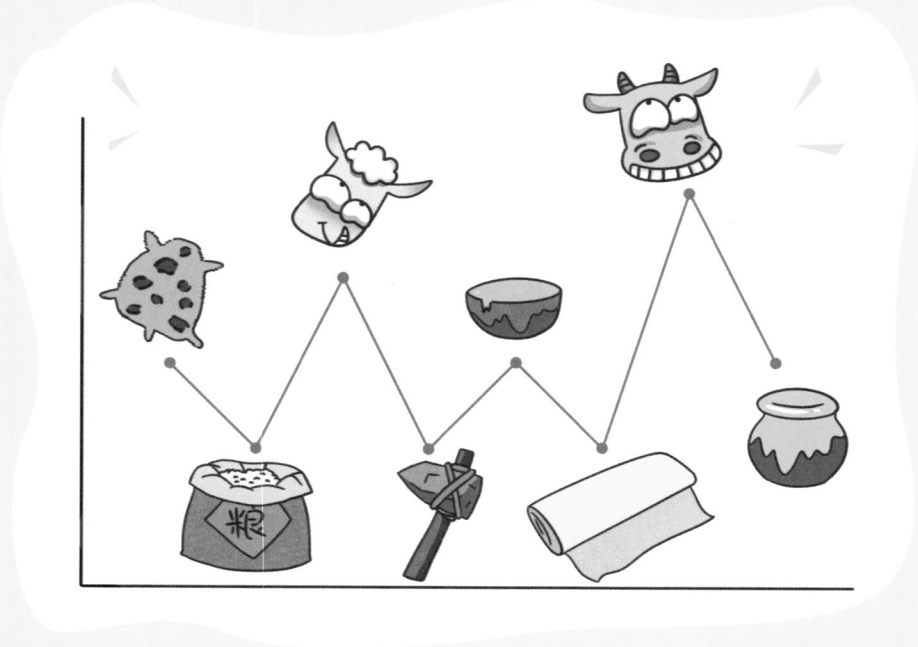

第2章

可爱的贝壳居然是最早的钱币

嗨，又是我——咚咚。我最喜欢去海边了，在海边，我们除了能玩金灿灿的沙子外，还能看到各种各样的贝壳呢！它们的样子千奇百怪，有的像蜗牛，有的像扇子，还有的像阿拉丁的神灯……有人说，贝壳是大海的珍宝，海水把它们送到沙滩上，就是希望我们把它们拾起来，细心呵护和收藏。

贝壳不但是大海的珍宝，也是我们人类的珍宝。在很久很久以前，贝壳还被人类当作钱币用来买东西呢！那个时候，贝壳就像现在的黄金、白银一样珍贵。

在原始社会，人类还没有钱的概念。想要一头牛，就用两只羊去和别人交换；想要一袋米，就用一袋面去交换。可是后来，人们想要的东西越来越多，这种以物易物的交换方式太麻烦了，那人们该怎么办呢？

这时，有人发现了贝壳。

有个渔民一直生活在海边，他每天只做两件事——打鱼和捡贝壳。打鱼可以填饱肚子，捡贝壳能让他开心。这些贝壳五颜六色、形状各异，他爱不释手。后来，他专门挑拣了一些坚硬的贝壳，在贝壳上打磨出小孔，然后用绳子穿起来，做成项链挂在脖子上，漂亮极了！

那个时候还没有金属，在贝壳上打孔可不是件容易的事情！渔民把石头磨得尖尖的，做成石器工具，然后小心翼翼地在心爱的贝壳上打磨出小孔。做这些事情花费了他太多的时间和精力，所以他一直把这些贝壳视为珍宝。

有一天，一个猎人看见渔民脖子上的贝壳项链，羡慕极了，于是就对渔民说："我能用猎物交换你的贝壳项链吗？"

渔民想了想，说：“可以倒是可以，只是你愿意用多少猎物和我交换呢？”

猎人说：“用一只野兔做交换怎么样？”

渔民听后摇了摇头，觉得有点儿吃亏，打磨一串贝壳项链需要一整天的时间呢！于是他就提议说：“就用你一天所打的猎物换我一天打磨的贝壳吧。”

猎人觉得很合理，于是他们就达成了协议。这就是等价交换。

后来，很多人开始用东西来换贝壳，也有人用贝壳去换自己想要的东西。渐渐地，贝壳就充当了一般等价物。

为了成为富人，很多穷人就去海边“淘金”——捡贝壳。

有一家人从很远的地方来到海边，他们每天不停地捡贝壳，把捡到的贝壳装了一袋又一袋、一船又一船，可是几年过去了，他们还是很穷。

这一天，他们又把捡到的贝壳运到集市上交易。一个打磨贝壳的工匠走了过来，对他们说：“你们的贝壳不值钱！”说完，他指了指自己脖子上戴的贝壳项链，说：“这样的贝壳才值钱。”

这家人仔细看了看，终于明白了：只有钻了孔的齿贝才值钱。

齿贝（海贝的一种）大都存在于东海、南海的岩礁之间，为了找到它们，这家人走遍了海滩，在岩礁之间翻来覆去地找，却只找到为数不多的几个小齿贝。他们沮丧极了，成为富人的梦想破灭了，只好收拾行囊，回家乡种地去了。

所以，虽然海滩上贝壳遍布，但大多数贝壳不能成为货币。

我们国家现在的钱币是用“元”作为单位来计算的，那么当时贝币用什么作为单位来计算呢？说出来大家一定会很惊讶，贝币是用“朋”作为单位来计算的。贝、朋两字常常连在一起使用。“朋”字原本是这么写的：  ，它看起来就像两串贝壳。

那么，一“朋”到底有多少个贝壳呢？有人说是两贝为一朋，也有人说是十贝，说法不一。

在商朝时期，贝壳的地位堪比现在的黄金、钻石。中国第一位女将军——商王武丁的妻子——妇好的墓中就有近 7000 枚贝币，这是一笔十分巨大的财富。

到了商朝晚期，商品经济发达，人们的生活富裕，需要更多的贝币用于消费。可是在内陆地区，贝币的数量太少了，根本就供不应求。

不过，这也难不倒聪明的古人，他们用其他材料代替贝壳，仿照贝币制作了各种钱币，例如陶贝、骨贝、石贝、玉贝等。这些钱币中最珍贵的就是玉贝，玉贝的数量极少，一般只有达官贵人才有。

贝币不但促进了中国古代经济的发展，还对我们的文化、风俗等有深远的影响。以汉字为例，很多与钱、财富有关的文字都含有“贝”字，例如财、货、贾、贫、费、贿、贪等。

第3章

奇形怪状的铜钱和铁钱

小朋友们，你们去过古玩市场吗？我和家人去过一次，那里展示着形形色色的古代玩意儿，有玉佩、青铜器皿、瓷器、名人书画等。我还在那里看到一种圆圆的、中间有个小方孔的钱币，爸爸妈妈说，那是古人用的钱币——铜钱或者铁钱。下面就请大家和我一起来认识下这些古老的钱币吧！

这种圆形方孔的金属钱币经历过很多朝代，它们烙印着我们中华文明的历史！

那么，这些金属钱币是如何而来的？又是如何代替贝币成为通行的钱币的呢？

当时，贝币太稀少了，即便人们发明了骨贝、石贝等来缓解其数量的不足，但它们的缺点太多，很难流行起来。

就在这时，人们发明了青铜。在商周时期，青铜这种金属非常抢手：官员们用它做玺印，练武的人用它做刀剑，有钱人用它做杯盘、乐器，等等。

贝币因为数量不太充足，且容易损坏，于是有人提出：既然青铜可以造出来，并且价值较高，还不易损坏，那么不如用青铜造成贝币的样子当作贝币用吧。

后来，铜贝真的代替了贝币，成为钱币界的“大哥”。

西周末年，人们为了抢地盘儿而不停地打仗，到处兵荒马乱，人们不再喜欢铜贝、骨贝等，而更喜欢由金属炼制的，形状像刀、铲等的工具。不过，用金属工具买东西很麻烦，还要称重、鉴定金属成色等。

到了春秋战国时期，各国纷纷使出妙招，用金属制成了迷你版的刀、铲等，成色、重量相对统一，又十分小巧，用起来很方便。

春秋战国时期，最流行的货币有四种：布币、刀币、环钱和蚁鼻钱。

布币是像铲子一样的青铜币，主要流通于赵、魏等国。

刀币是形状像刀的青铜币，分为大刀和小刀。大刀主要在齐国流通，所以又叫齐刀；小刀则深受燕、赵等国人民的喜爱。

环钱就是我们常见的圆形方孔钱的前身，环钱钱币中间的小孔多为圆形，在魏、秦等国比较流行。

蚁鼻钱是楚国一带使用的钱币，椭圆形，正面凸起，背面平，上面的文字看起来就像蚂蚁歇于鼻尖，所以叫作蚁鼻钱。又因为整个钱币看起来像人脸，所以又叫“鬼脸钱”。

秦始皇统一六国称帝后，做了一件非常霸气的事情：统一货币。他宣布，全国上下必须废掉之前通用的刀币、布币、环钱等钱币，只能用他指定的半两钱。

半两钱为圆形方孔，钱上刻着“半两”两个字。为什么是半两呢？因为按照当时的计量单位来算，一两重二十四铢（约16.14克），一枚铜钱重十二铢，正好是半两。

秦始皇统一货币后，各地的人们出远门走亲戚、游玩时，再也不用担心钱币不通用的问题了，随身携带着半两钱，使用时非常方便。

半两钱深入人心，甚至影响了我们中国 2000 多年的货币发展史。后来我国各个朝代使用的钱币，大都是半两钱的变身。

西汉就沿用了半两钱，但是重量从十二铢减到八铢、三铢、一铢，到后来汉武帝更是直接废除了半两钱，开始发行五铢钱。

所谓五铢钱，就是圆形方孔钱上有“五铢”两个字，钱币的重量也变成了五铢。五铢钱的地位可不一般，它一直被沿用到唐朝，寿命长达 700 多年。

南北朝时期，皇帝们开始把自己的年号铸在钱币上，各种年号钱纷至沓来。例如，汉兴年间发行了“汉兴钱”，孝建年间发行了“孝建五铢”，太和年间发行了“太和五铢”等。

到了唐朝，唐高祖不但改用年号钱，还废除五铢钱，发行通宝钱——“开元通宝”。从此，钱币的名字和它的重量就不再那么亲密了，钱币不再代表它本身的价值，而只是一个货币符号，就像我们现在的人民币。

宋元以后，通宝钱的地位基本稳定了。各朝皇帝都发行通宝钱，例如北宋时期的“太平通宝”、金朝的“大定通宝”、元朝的“至正通宝”、明朝的“洪武通宝”、清朝的“乾隆通宝”等。民国时期云南等省还发行过“民国通宝”呢！

除了铜钱，我国古代还有用铁铸的钱币，就是铁钱。铁钱在中国非常特殊，它曾经断断续续地在各朝各代被使用了五六百年！

有人问："已经有铜钱了，古人为什么还要造铁钱呢？"

因为货币市场生病了！

铁钱最早出现于汉代，并不是官方发行的钱币，而是某些人偷偷摸摸铸造的。铁钱虽然和铜钱长得一样，但价值较低。

两宋时期，铁钱的发行量特别大，四川等地区的百姓甚至只用铁钱。但是铁钱的价值非常低廉，买一匹锦就要花两万枚铁钱，这么多铁钱实在太重了！人们带着铁钱逛街真是太麻烦了！

清朝末期也出现过铁钱。太平天国运动爆发后，南方的铜无法运到北方，朝廷没办法铸造铜币，就用铁钱来充数。不过在百姓们的抗议之下，铁钱几年后就消失了。

第4章

通行全世界的黄金和白银

小朋友们，我给你们讲个故事吧：700多年前，欧洲的旅行家马可·波罗来中国游玩，被中国的繁荣景象惊呆了。他回到家乡后逢人就说，在遥远的东方有个中国，那里遍地是黄金！欧洲人听了马可·波罗的话后，做梦都想到中国赚钱发财，这也成了西方“航海时代”发展的动力之一。黄金、白银的魅力这么大，我们一起见识见识吧！

1492 年，一个名叫哥伦布的冒险家在西班牙女王的资助下，率领船队从欧洲出发，直奔中国而来。

那个时候科技不够发达，航海是件非常冒险的事情，一不小心就会船翻人亡。为什么哥伦布要冒这么大的风险，穿越浩瀚无边的大西洋呢？

原来，哥伦布是受到了金银的诱惑！

古时候的中国真的是黄金遍地吗？

马可·波罗没有说谎，地大物博的中国的确盛产黄金。

早在商朝末年，中国人就已经开始使用黄金了。战国时期，楚国就流通了一种名叫“爰金”的金币。秦始皇统一货币时一共发行了两种货币：上币和下币。下币是铜钱，而上币就是黄金。后来我国历朝历代都发行过金币，有方形的、圆形的、条形的、马蹄形的等。

中国古代的黄金多到什么程度呢？举两个简单的例子：据说，在西汉时期，卫青将军立了战功，汉武帝一高兴，直接奖励他大量黄金；新朝的创建者王莽结婚时，仅婚礼就花费了数万斤*黄金，真的是挥金如土呢！

* 新朝时，1 斤约合 250g 或 220g，无确切说法。

既然我们有“遍地”的黄金，为什么当时老百姓还要用低廉的铜钱呢？因为那时铜钱就能满足老百姓的日常开销。

古代各个时期，铜钱在民间流通最广，其次是银币，倘若铜钱不够花，可以用银币来补充。早在秦朝以前，银布币就已经出现了，只是较少流通。到了元朝，各种银锭才逐渐流行起来。我们现在常见的银锭是清朝的，有三种：宝银、中锭和锞子。宝银长得像马蹄，重五十两；中锭呈锤形或者马蹄形，重约十两；锞子长得像小馒头，重量从一两到五两不等。所以，根本不需要黄金“抛头露面”。黄金很贵重，只有贵族才有实力使用。

当时，与中国相比，欧洲每年的黄金产量确实不多。为了得到更多的黄金，欧洲各国频频拜访非洲的黄金海岸，用盐和非洲人交换黄金。非洲盛产黄金，但盐紧缺。当时非洲人开价："一斤盐能换一斤黄金！"所以，即便从欧洲去黄金海岸需要经过气候恶劣的撒哈拉大沙漠，欧洲人依然毫不畏惧。

欧洲虽然缺乏黄金，但白银非常丰富，德国、奥地利等国境内遍布银矿。早在古希腊时期，银币就已经在欧洲非常流行了。古希腊时期的亚历山大大帝就曾经用很多白银铸币奖励士兵们。

丰富的银矿让白银成为欧洲人的主要货币。古希腊人铸造的银币非常漂亮！例如“猫头鹰银币”，正面铸有智慧女神雅典娜的头像，背面铸有猫头鹰的图案，栩栩如生。古希腊时期，银币在地中海一带非常受欢迎。

铜币也曾在欧洲出现过，但是只在穷困的地区流通。在有些国家，铜币很低廉，100 个铜币只能换一个银币，所以在商品经济发达的城市，铜币根本就上不了台面。

后来，欧洲各国的商品经济发展得越来越好，对金银的需求也越来越大。当大需求碰上小产量，矛盾就会一触即发，欧洲各国也因此而争吵不休，战乱不断。为了解决“钱荒”问题，欧洲一些国家的统治者积极支持海外探险活动，希望获得海外财富。

所以，哥伦布冒险来东方不是为了旅游，也不是为了学习，而是为了寻找财富！

哥伦布相信地球是圆的，认为只要一直往西走，肯定能到中国。他和船员们在大西洋中航行了两个多月，斩杀了无数“水妖海怪”，战胜了无数台风、海啸之后，终于看到了陆地。

“东方、中国、黄金，我们来了！”其实，他们找到的不是中国，而是位于中国和欧洲中间的美洲大陆。

虽然没有到达东方，但他们这一趟并没有白跑，因为美洲也有大量金矿、银矿。后来，欧洲各国的人纷纷来到美洲大陆，他们干了很多坏事：杀害土著居民，抢夺他们的地盘儿和金银。

人们之所以疯狂地抢夺金银，就是因为几乎所有的国家都把金银当作货币。为什么金银会成为全世界人民的“宠儿”呢？

因为金银质地坚硬，便于储存，而铜、铁等金属容易生锈。生锈的铜币、铁币很难看，重量也会发生变化。

此外，金银数量适中，不像铜、铁那么多，价值比较稳定。所以，在古代，很多国家都不约而同地把金银作为主要货币。

马克思说过：“金银天然不是货币，但货币天然是金银。”意思是说，金银本来不是货币，但它们天生就是当货币的料。

第5章

纸币出现了

大家都知道，我们现在用的钱是花花绿绿的纸币，不但外观好看，还方便携带，让我们在购物时省了不少事呢。最让我们骄傲的是，中国是世界上最早使用纸币的国家！大家跟着我看一看中国纸币的发展史吧！

我们的纸币是怎么来到这个世界上的呢？简而言之，是被“钱荒”给逼出来的！

故事发生在北宋时期的益州，也就是现在的四川成都。当时益州的商品经济非常繁荣，在白银和黄金都不普遍流通的情况下，低廉的铁钱迅速风靡益州。

铁钱解了益州的燃眉之急，却给商人们带来了很大的麻烦。因为铁钱太便宜了，不适用于大宗商品贸易，商人们每次去进货时，都要拉好几马车的铁钱，太麻烦了！

于是，他们主持了交子的发行，交子其实也不是纸币，而是一张兑换证明。如果有客人来商户存了 1000 文钱，商户的老板就给客人一张写有“1000 文钱”的交子，客人需要用钱时，就拿着交子来兑换铁钱。于是，商人们抛弃笨重的铁钱，直接把交子当钱花。

当时的交子还没有“实名制”，谁都能拿着交子来取钱。

在商人的引领下，益州的老百姓们也爱上了交子，用它来买米、买菜、买衣、买布等。

这就是世界纸币之祖——交子。

这些商户的老板见交子这么受欢迎，就联合几个大财主成立了专门发行交子的铺户，并取名为“交子铺”（或称“交子户”）。很快，交子铺就流行于整个益州，并渐渐扩展至其他城市。

交子只是一张薄薄的纸，为什么会得到老百姓的信任呢？

原因有三点：第一，交子是纸质的，携带方便；第二，交子有特殊的防伪记号，一般人无法抄袭、伪印；第三，交子是商户发行的，这些商户财力雄厚，值得信任。

交子铺中也有坏人，有的铺户圈了钱就人间蒸发了；有的铺户私自挪用公款，导致客户取不出钱；有的铺户为了赚钱，肆无忌惮地向外发行交子，导致交子满天飞，价值就像铁钱一样低廉。

这件事引起了北宋朝廷的注意，为了平息益州的“金融风暴”，朝廷出面接管了交子的发行。公元 1023 年，朝廷在益州设立“交子务”，派专人管理交子的发行，官交子应运而生。这是中国最早的官方纸币。

官交子最初只在四川发行，后来拓展到陕西、湖南、广西、浙江等地，反响不错。再后来朝廷又收回官交子，发明了一种新的纸币——钱引，并在全国发行。

钱引比交子制作精良，但是只有流通功能，不能兑换钱币，而且政府可以随意增发。北宋末期，国内战争频发，国库空虚。于是朝廷采用了一种新举措：多多印发钱引。后来，由于钱引的大量发行，其价值迅速大跌，如同废纸，从此钱引失去民心。

到南宋时期，朝廷又发行了新的纸币——会子。

会子刚发行时深得民心，促进了国家商品经济的发展。但是好景不长，偏安一隅的南宋朝廷奢侈浪费，花钱如流水。加上每年都要向金朝进贡，朝廷财政入不敷出，于是又故伎重施，疯狂地增发会子，导致会子也变成了废纸。

宋朝百姓见纸币没有价值，就偷偷收藏铜钱，许多人家的地下都埋着铜钱。因此，我们现代的考古学家们发现一个奇象：宋朝的遗址中铜钱一挖就是好几吨！

宋朝把白纸升级为纸币，又让纸币在流通过程中降级为白纸。怎么会这样呢？因为纸币的流通依赖国家的信用，而宋朝政府缺乏信用，纸币自然就沦为普通白纸。

同时期的金朝也发行了自己的纸币——交钞。交钞长得和钱引十分相像，最初只在黄河以南流通，后来扩展至全国。金朝还用交钞给官员发工资呢。不过，金朝也犯了大量发行纸币的错误，导致纸币贬值。后来蒙古灭金，交钞就消失了。

元朝也有自己的纸币——中统钞。元朝政府还宣布：国内只能统一用纸币，铁钱、铜钱等金属货币通通不许用。

因此，纸币在元朝得到了大发展。

元朝初期，中统钞的币值比较稳定，信用很高，国内的百姓随时随地都能使用和兑换。中统钞不但在国内流通，还流传到亚洲许多国家，古代的印度、日本等国都抢着模仿中统钞发行自己的纸币。

不过，元朝统治者十分好战，动不动就发动战争，没几年就把国库花空了。于是，元朝又走了宋朝、金朝的老路——加印纸币，让原本价值稳定的中统钞变得一文不值。

明朝政府建立后也发行过纸币——大明通行宝钞（简称宝钞）。宝钞是当时中国最大的纸币，长约 36.4 厘米，宽约 22 厘米。宝钞在发行初期也很受欢迎，但由于明朝中期政府无节制地发行，宝钞也很快就贬值了，失去了民心。

清朝发行的纸币很多，例如顺治年间的钞贯，咸丰年间的户部官票和大清宝钞，清末宣统年间的大清银行兑换券和各种钞券。清朝的纸币外形统一、面额恰当，还加了编号，比之前出现的纸币规范了很多。不过最后都因为政府过分加印而迅速贬值，失去信用，消失在历史长河中。

清朝灭亡后，军阀混战，国内政治动荡不安，货币市场乱成一锅粥。直到 1948 年 12 月 1 日，中国人民银行成立，开始发行纸币。我国发行的纸币就是人民币。

至今，国家先后发行了五套人民币。

中国的纸币经过近千年的发展，如今已经可以跨越国界流通，在世界货币中的地位不可小觑。

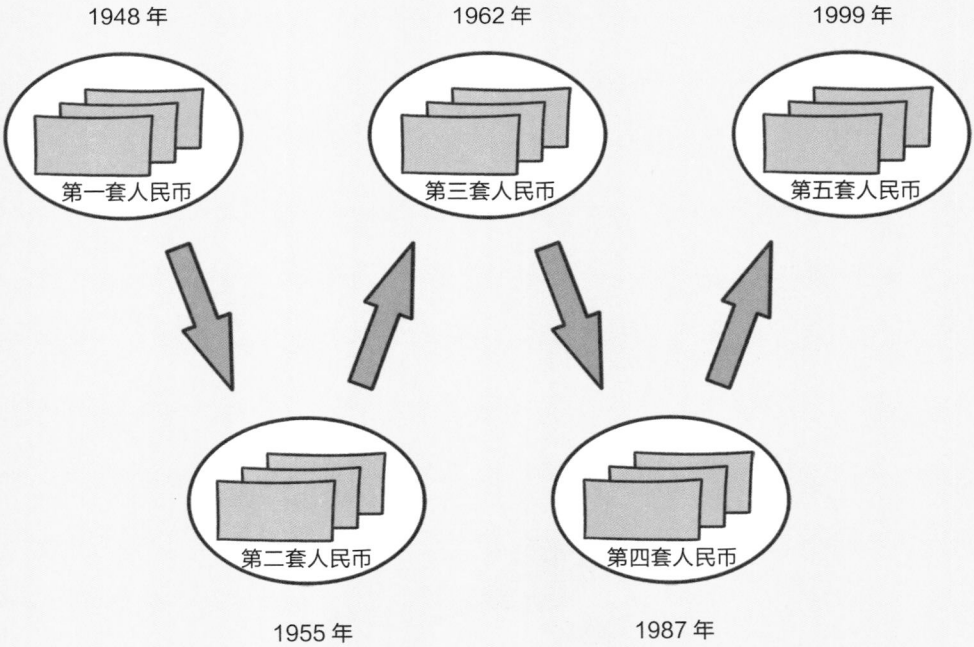

第6章

花花绿绿的外国货币

嗨，大家知道吗？在我们美丽的地球上分布着200多个国家和地区，几乎每个国家和地区都有自己的货币，而纸币有红色的、绿色的、橙色的……真是绚丽多彩呢。我们一起认识一下各种外国货币吧！

我们中国的纸币最先登上历史舞台，独领风骚好几百年！然后，其他国家才陆续加入了“有纸币一族”。如今，一些纸币经过数百年的发展，已经成为纸币队伍中的佼佼者了，例如英镑、美元、欧元、人民币、日元等。

英国的货币叫英镑，主要由英国的中央银行英格兰银行发行，在世界货币史中的地位举足轻重。

最初，英国民间的金匠铺扮演着银行的角色。当时的金匠铺是专门为商人收存钱币的商铺，和我国宋朝的交子铺很像。

英国的金匠铺收下商人的金银币后，会给商人写一张收据，以便商人拿着它来领取钱币。这时的收据还只是收据，不是英镑。

17 世纪下半叶，英国的金匠铺增加了很多功能，如存款、放贷、发行存款票据等，变身为“金匠银行”。当时的存款票据既方便携带，又能买东西，很快就成为英国人信赖的流通货币。它有了后来出现的英镑的一些功能，但还不是英镑。

到 1694 年 7 月，英格兰银行成立，开始发行银行券。英格兰银行的银行券非常受宠，就连民间的金匠银行都在英格兰银行开设了账户。

1833 年，英国议会将银行券定为法定货币，和黄金平起平坐。1928 年，英国议会再次给银行券升级，让它成为英国唯一的纸币，也就是现代英镑。

英镑纸币的面值很固定，只有 5 英镑、10 英镑、20 英镑和 50 英镑。但是英镑纸币的外观却在不断变化，每隔几年英镑纸币上的人像就会更换一次，新鲜感十足。英镑纸币上面的人像是来自英国各个领域的大名人。

例如，在新版 5 英镑钞票上，正面是英国女王的头像，背面是温斯顿·丘吉尔的头像；10 英镑钞票上，正面是英国女王的头像，背面是英国女作家简·奥斯汀的头像；20 英镑钞票上，背面是英国浪漫主义风景画家特纳的头像。

一直到 20 世纪初期，英镑都是地位非常高的国际货币。可是自从第一次世界大战之后，英镑的地位逐渐被美元所取代。

美元，即美国政府发行的货币，虽然出现的时间比英镑晚一些，但是在国际上却有较大影响力。

美元诞生后，发展势头非常凶猛。

第一次世界大战期间，美国通过出售武器赚得盆满钵满，美元的地位也得到提升。

第二次世界大战结束后，欧洲各国、中国、日本等都受到了重创，唯独美国非但没有受损，还发了财，成为世界上黄金最多的国家。在强大国力的支持下，美元升级为国际货币体系的中心货币，所有货币都围着美元转。

而提起欧洲的货币，第一个跳入我们脑海的就是欧元。欧元于 1999 年诞生，目前是欧洲 19 个国家通用的货币。

为什么欧洲这么多国家都用欧元？欧元是怎么诞生的？

其实早在欧元诞生之前，欧洲每个国家都有自己的货币。法国有法郎，德国有马克，意大利有里拉……

但是第二次世界大战结束后，美国和苏联迅速强大起来，成为超级大国，欧洲的各个小国显得弱小无助。它们为了提升自己的竞争力，于是成立了欧洲联盟，简称“欧盟”。为了让欧盟内部的贸易往来更方便，欧洲部分国家决定发行统一的货币，欧元就产生了。

现在，欧元不仅在欧盟中的 19 个国家内畅通无阻，在欧洲的其他国家也很受欢迎，比如摩纳哥、梵蒂冈、黑山等。

再来看看我们的邻国日本的货币。日本很早就开始使用纸币了。不过日本发行过的纸币太多了。直到1871年，日本才统一发行新的纸币——日元。

我们现在见到的日元纸币的面值都非常大，有1000日元、5000日元、10000日元等。其实最初日元纸币的面值也很正常，不过第二次世界大战之后，日本政府大量发行纸币，导致国内出现严重的通货膨胀，日元迅速贬值，买一瓶矿泉水都需要100多日元。后来，为了便于人民使用，日本政府就提升了纸币的面值。

我国的另一个邻国——韩国，其纸币是参照日元的纸币发行的，面值也较大，有1000韩元、5000韩元、10000韩元、50000韩元四种。

虽然日元、韩元纸币的面值很大，但并不影响本国人民的正常使用。

非洲各国也有自己的纸币。埃及有埃及镑，阿尔及利亚有阿尔及利亚第纳尔，赤道几内亚、刚果（布）、加蓬等有中非法郎，南非有南非兰特，等等。这些纸币都非常精美，展示着这些国家的文化和风采。

非洲有一个非常小的岛国叫毛里求斯，是非洲为数不多的富国之一，被誉为“非洲瑞士”。这个国家的纸币上居然印着华人朱梅麟的头像！

朱梅麟是谁？他的头像怎么会登上毛里求斯的纸币？

朱梅麟出生于毛里求斯，是第二代华裔，在毛里求斯经商，生意越做越大，促进了当地经济的发展。后来毛里求斯遇到经济困难，朱梅麟慷慨解囊，帮助这个国家渡过了难关。因此，朱梅麟很受当地人的爱戴。他去世后，毛里求斯人为了纪念他，就把他的头像印在了 25 卢比的纸币上。

第7章

看不见、摸不着的数字货币

小朋友们，我发现了一个秘密：随着货币形式的不断发展变化，货币先后经历了从实物货币（比如贝壳、牛羊、粮食、农具等）到金属货币、纸币的发展过程。不管这些货币如何变身，都是看得见、摸得着的。可是近几年，纸币好像失宠了。我带大家看一看这到底是怎么回事吧！

现在，人们出门只要带上一部手机，“扫一扫”“刷一刷”就能轻松完成各种支付。从菜摊到超市，无现金支付无处不在。这不仅使人们的生活更便利，也节省了更多时间。

这种情况不只出现在我们的身边，在遥远的丹麦，只有少数人还在用现金，他们也在朝着无现金支付进军。

有人说，再这样下去，纸币就会退出历史舞台了。那么纸币真的会消失吗？

其实，无论是微信支付、支付宝支付还是刷各种银行卡、信用卡，刷的都是我们储存在账户里的钱。我们的确没有使用纸币，但我们使用的是纸币的电子形式——电子货币。

简而言之，没有纸币哪儿有什么支付宝、微信支付啊！纸币一时半会儿还是不会消失的。

原本电子货币已经很方便了，但近些年又出现了数字货币。数字货币是电子货币的替身，可以像电子货币一样交易。近几年数字货币的发展势头很猛。

数字货币的流通范围取决于信任它们的人群。可见，即使是看不见、摸不着的东西，只要有人相信它，它就会有价值。

有人说，纸币之所以能成为货币，是因为国家赋予了纸币价值，我们也就相信了它的价值。而数字货币是不是也有可能成为通用货币呢？的确有可能！

现在，很多国家都在马不停蹄地研究数字货币，例如英国、瑞士、挪威、乌克兰、俄罗斯、美国、加拿大、日本、泰国等。2018 年 12 月，乌克兰中央银行完成了国家数字货币“电子格里夫尼亚”的试点计划。俄罗斯政府也在积极地筹划发行加密货币“加密卢布”。似乎一场全球范围的数字货币盛宴就要开席。

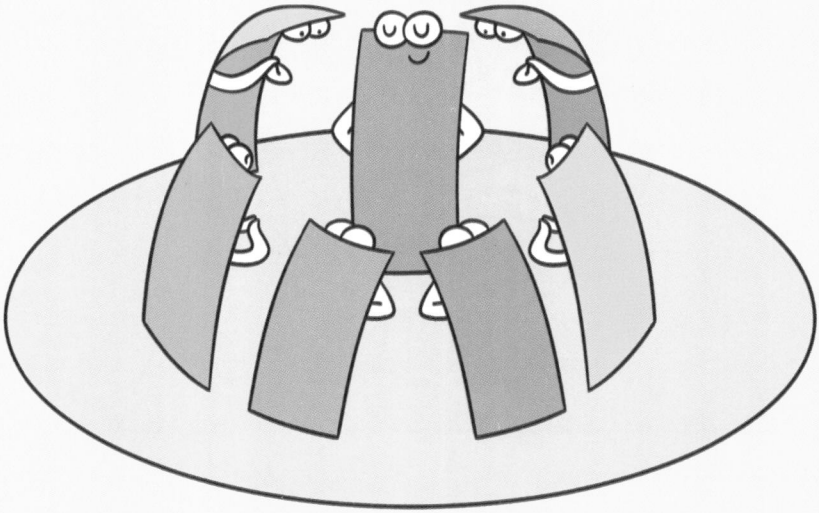

我国从 2014 年开始研究法定数字货币，并成立了专门研究法定数字货币的研究小组。目前我国的部分地区已经开始试点法定数字货币。

从贝币到纸币，人们一直都在追求使用时更便利、更安全，材质更环保的货币。而数字货币的确比纸币更便利、更安全、更环保。它不需要生产材料，安全系数也更高，只要互联网不出问题，我们账户里的货币就不会丢。所以一些经济学家认为，未来很有可能是数字货币的天下。